FiT FÜR DIE SCHULE

Das kann ich!

Textaufgaben 3. Klasse

einfach lösen

von Andrea Tonte
Illustrationen von Guido Wandrey

TESSLOFF

Vorwort

Liebe/r ______________________ ,

du möchtest beim Lösen von Textaufgaben mehr Sicherheit gewinnen?
Dann ist dieses Heft genau das Richtige für dich!

So arbeitest du mit diesem Übungsheft:

- → Im Kapitel **Textaufgaben lösen lernen** erfährst du, wie du Textaufgaben Schritt für Schritt lösen kannst.
- → Hast du an alles gedacht? Die Seite **Alle Tipps auf einen Blick** zeigt dir die Lösungsschritte im Überblick.
- → Im Übungsteil findest du jede Menge Textaufgaben im **Zahlenraum bis 1 000** und zum **Rechnen mit Größen**. Hier trainierst du auch das Lösen von **Zahlenrätseln** und ersten **Kombinatorikaufgaben**.
- → Auf manchen Seiten siehst du am Rand einen kleinen **Lernkasten**. Die **Tipps** darin helfen dir beim Lösen der Aufgaben.
- → Hast du alles richtig? Sieh einfach selbst in den **Lösungen** nach.

Jetzt bist du fit im Lösen von Textaufgaben!

Viel Spaß und Erfolg!

Inhaltsverzeichnis

Textaufgaben lösen lernen

Textaufgaben üben

Textaufgaben genau lesen

→ **Lies** den Text immer **ganz genau**. Nimm dir Zeit dafür und beginne noch nicht mit dem Rechnen. Versuche, dir die Rechengeschichte in Bildern vorzustellen.

1 Lies den Text langsam durch. Decke den Text ab und erzähle die Geschichte mit eigenen Worten.

Lara bekommt zu ihrem 9. Geburtstag ein Fahrrad. Sie geht mit ihrem Vater in den Fahrradladen und sucht sich ein Fahrrad für 250 € aus. Es ist blau und hat eine rote Klingel. Zu dem Fahrrad bekommt sie noch einen passenden Helm für 50 € und 4 Katzenaugen für je 2 €. Ihr Vater kauft ein Schloss, damit das Fahrrad nicht gestohlen wird. Lara freut sich schon auf ihren ersten Fahrradausflug.

2 Kreuze an, welche Fragen du beantworten kannst.

- [ ] Wann feiert Lara ihren Geburtstag?
- [ ] Wie viel kosten 4 Katzenaugen?
- [ ] Wie alt wird Lara?
- [ ] Wie viel bezahlt Laras Vater?
- [ ] Wie viel kosten Fahrrad und Helm zusammen?
- [ ] Warum kauft Laras Vater das Schloss?

Die Lösbarkeit prüfen

→ Manchmal lassen sich Textaufgaben nicht lösen. Entweder passt die Frage nicht zur Aufgabe oder es fehlen dir Zahlen, um die Aufgabe ausrechnen zu können. Du brauchst **mindestens zwei Zahlenangaben** für jede lösbare Aufgabe.

1 Welche Aufgabe ist nicht lösbar? Streiche sie durch.

Nils hat 45 Gummibärchen. Er verteilt in der Pause 18 Gummibärchen an seine Freunde. Wie viele Gummibärchen hat Nils noch?

Florian hat 31 Gummibärchen. Davon sind 12 rot und 19 grün. Welche Farbe haben die restlichen Gummibärchen?

Katja hat 42 Gummibärchen. Sie verteilt diese gerecht an ihre 6 Freundinnen. Wie viele Gummibärchen bekommt jede Freundin?

2 Welche Fragen kannst du beantworten? Kreuze an.

Natascha sammelt Spielfiguren. Sie besitzt 5 Kühe und 9 Hühner, 3 Pferde, 1 Traktor, 2 Schweine und 1 Geländewagen.

- [ ] Wie viele Spielzeugtiere besitzt Natascha?
- [ ] Wie viele Beine haben alle Tiere zusammen?
- [ ] Welche Farbe haben die Kühe?
- [ ] Wer hat Natascha die Hühner geschenkt?
- [ ] Wie viele Reifen haben alle Fahrzeuge zusammen?
- [ ] Kann der Geländewagen alle Pferde transportieren?
- [ ] Wie viele zweibeinige Tiere besitzt Natascha?

Rechenwörter erkennen und verstehen

→ Achte auf **Rechenwörter** oder Hinweise im Text, die dir sagen, ob du plus, minus, mal oder geteilt rechnen musst.

1 Ordne die Begriffe den richtigen Rechenzeichen zu.

multiplizieren addieren dividieren subtrahieren

(+) ______________ (·) ______________

(−) ______________ (:) ______________

2 Was rechnest du bei diesen Angaben? Wähle das richtige Rechenzeichen.

Ich zähle 720 dazu. → + 720

Verdopple! → ______

Ich vergrößere um 34. → ______

Halbiere! → ______

Ich bilde das Zehnfache. → ______

Vermindere um 421! → ______

Teile durch 8! → ______

Nimm mal 30! → ______

Finde den dritten Teil! → ______

Ich verringere um 13. → ______

3 Lies die Aufgaben aufmerksam durch. Trage das passende Rechenzeichen ein und rechne aus.

In die Klasse 3a gehen 20 Jungen und 5 Mädchen. → 20 ◯ 5 = ______

Papa kauft 20 Schrauben zu je 5 ct. → 20 ◯ 5 ct = ______ ct

Mia kauft sich für 5 € ein Buch. Jetzt hat sie noch 20 €. → ______ ◯ 5 € = 20 €

Tobias hat 20 Edelsteine. Manuel hat 5 weniger. → 20 ◯ 5 = ______

5 Kinder teilen sich 20 rote Murmeln. → 20 ◯ 5 = ______

→ In Textaufgaben stehen manchmal Zahlen, die du nicht zum Ausrechnen brauchst. Lies dir die Frage genau durch und überlege dir, was du ausrechnen sollst. **Unterstreiche** dann **die wichtigen Angaben** und streiche Unwichtiges durch.

1 Lies die Aufgaben und Fragen genau! Unterstreiche, was wichtig ist. Streiche Unwichtiges durch.

Anita geht mit ihren Eltern in den Zirkus Balloni. Die Vorstellung beginnt um 15 Uhr. Der Eintritt kostet für Erwachsene 8 € und für Kinder 5 €. Am besten gefallen Anita die Trapezkünstlerin Sabrina, Clown Hugo und die Löwennummer. In der Pause kauft Mama Popcorn für 1,50 € und eine Limo für 2,50 €.

F: Wie viel bezahlt die Familie insgesamt?

Auf dem Planeten X landen Marsmännchen mit grünen, roten oder blauen Punkten. Davon haben 68 grüne Punkte, 53 hatten Windpocken und haben daher rote Punkte. 26 sind mit der superschnellen Turbomaschine gelandet. 25 Marsmännchen haben blaue Punkte.

F: Wie viele Marsmännchen landen auf dem Planeten X?

Die Bücherei in Naudorf besitzt 236 Krimis. 213 Krimis finden die Leser besonders spannend. Außerdem gibt es in der Bücherei 267 Sachbücher, davon handeln 13 von Schlangen und Spinnen. Gerne gehen Kinder in die Bücherei zum Vorlesenachmittag. Die Bücherei besitzt 431 Abenteuerbücher.

F: Wie viele Krimis, Sach- und Abenteuerbücher stehen insgesamt in der Bücherei Naudorf?

Den Sinn erkennen

→ Kontrolliere bei Textaufgaben immer, ob dein Ergebnis stimmen kann. Rechne mit der Umkehraufgabe noch einmal nach, wenn du dir nicht sicher bist. Denke auch an die richtige Einheit.

1 Lies den Text aufmerksam durch. Setze die Angaben in die richtigen Lücken.

30 m   2   1 km   20   15.30 Uhr   17 Uhr   15 min   400 g   doppelt so hoch

Lisa und ihr Vater möchten Lisas selbstgebastelten Drachen steigen lassen. Sie fahren um ____________ mit dem Fahrrad los. Die Fahrtzeit bis zum Waldrand beträgt __________. Dort angekommen ist es noch __________ bis zur großen Lichtung. In ihrem Rucksack haben sie den Drachen und Proviant dabei. Lisa probiert gleich ihren Drachen aus. Er wiegt nur __________ und fliegt __________ in die Höhe. Papa und Lisa sind begeistert. Später machen die beiden Pause, setzen sich auf ihre Picknickdecke und packen ihre Brotzeit aus. Lisa hat __________ belegte Brote und __________ Erdbeeren mitgenommen. Gut gestärkt von der Pause lässt Lisa ihren Drachen ____________________ wie vorher steigen. Als es __________ ist, machen sie sich auf den Heimweg.

Die Rechenfrage finden

→ Manchmal musst du die **Rechenfrage** selbst finden. Stell dir die Aufgabe als Geschichte vor. Was passiert? Was könntest du ausrechnen?

1 Welche Fragen passen zum Bild? Kreuze an.

- [ ] Wie viel zahlen 3 Kinder und 2 Erwachsene?
- [ ] Wann sind die Eislaufzeiten?
- [ ] Was kostet der Eintritt für 2 Kinder?
- [ ] Reichen 10 €?
- [ ] Kann man Schlittschuhe ausleihen?

2 Welche Aufgabe passt zu welcher Frage? Verbinde.

8 Blatt Briefpapier kosten 4 €.

Simone kauft 8 Buntstifte zu je 0,70 €.

Manuela kauft 4 Hefte zu je 0,50 € und 2 Packungen Tintenpatronen zu je 0,80 €. Sie hat 5 € dabei.

Wie viel bekommt sie zurück?

Wie viel kostet ein Stück?

Wie viel bezahlt sie?

3 Finde eine Rechenfrage zu folgenden Aufgaben.

Die Klasse 3c hat ein Theaterstück einstudiert. In der Aula gibt es 360 Plätze. 204 Karten sind bereits verkauft.

F: ______

Frau Konrad wiegt 60 kg. Herr Konrad wiegt 25 kg mehr als seine Frau.

F: ______

Die Antwort formulieren

→ Die **Antwort** muss immer genau die Frage beantworten. Lies dir daher die Frage noch einmal durch, bevor du die Antwort schreibst. Achte darauf, ob Einheiten in der Frage stehen. Diese müssen in der Antwort wieder vorkommen.

1 Welche Antwort passt? Rechne im Kopf aus und kreuze die richtige Antwort an.

Auf der Koppel stehen 8 Ponys.
Wie viele Hufe sind das?

☐ Es sind 8 Ponys. ☐ Es sind 32 Hufe. ☐ Es sind 8 Hufe.

16 weiche Katzentatzen kommen angeschlichen.
Wie viele Katzen sind das?

☐ Es sind 4 Tatzen. ☐ Es sind 4 Katzen. ☐ Es sind 16 Katzen.

8 Marienkäfer sitzen im Himbeerstrauch. 4 Bienen fliegen noch dazu. Wie viele Tiere sind nun im Himbeerstrauch?

☐ Es sind 12 Marienkäfer. ☐ Es sind 12 Bienen. ☐ Es sind 12 Tiere.

16 Hühner sitzen im Stall. Da sehen 8 Hühner 1 stolzen Hahn draußen vorbeispazieren und flitzen hinaus. Wie viele Hühner sind noch im Stall?

☐ Es sind 8 Hühner. ☐ Es sind 8 Hähne. ☐ Es sind 25 Tiere.

2 Formuliere jeweils einen Antwortsatz aus den folgenden Angaben.

Hund Bello, schwer, 5 kg

A: ____________________

Mahmud, 1 kg Trauben, 3,60 €

A: ____________________

Frage - Rechnung - Antwort

→ Eine Textaufgabe besteht immer aus diesen 3 Teilen:

F: Frage **R:** Rechnung **A:** Antwort

1 Finde eine passende Frage, rechne aus und schreibe die Antwort auf.

Hexe Zuckerzauber lädt ihre Freunde zum Nachmittagszaubertee ein.
Es kommen 8 Hexendamen und 9 Hexenmeister.

F:

R:

A:

Der Nachmittagszaubertee bei Hexe Zuckerzauber beginnt um 15 Uhr.
Um 18 Uhr fliegen die Gäste wieder nach Hause.

F:

R:

A:

Zeichnungen anfertigen

→ Mit **Zeichnungen** kannst du dir die Rechengeschichte oft besser vorstellen. Zeichnungen helfen dir auch, die Zahlenangaben zu sortieren. Besonders bei Aufgaben zur Zeit (h, min) oder zu Längen (km, m, cm, mm) sind Zeichnungen hilfreich.

1 Zeichne die Bilder fertig. Rechne aus und antworte.

Im Aquarium des Tierparks schwimmen 9 rosa Quallen.
Der Tierpfleger setzt noch 3 gelbe Quallen dazu.

F: Wie viele Quallen schwimmen nun im Aquarium?

Skizze:

R:

A:

Onkel Rudi baut einen Auslaufstall für Manuels Meerschweinchen.
Er soll 4 m lang und 2,50 m breit werden.

F: Wie viele Meter Zaun braucht Onkel Rudi?

Skizze:

R:

A:

Streifenmodelle anfertigen

→ Mit einem **Streifenmodell** kannst du Zahlen in eine Reihenfolge legen. Oft hilft es, wenn du dir aus Papier Streifen schneidest und die Zahlenangaben auf die Streifen schreibst. Dann legst du die Streifen wie bei einem Puzzle so nebeneinander, dass sie einen Sinn ergeben.

1 Lies die Aufgabe und male dann die Streifen grün an, deren Angaben im Text stehen. Male den Streifen orange an, den du ausrechnen kannst.

Gassi führen	bürsten	spielen	Gesamtzeit

Mareike kümmert sich jeden Tag 1 h um den Hund der Nachbarin. Sie führt den Hund 30 min Gassi und bürstet ihn anschließend 5 min. Die restliche Zeit spielt sie mit ihm.

2 Trage nun die Angaben aus Aufgabe 1 in das Streifenmodell ein und rechne aus.

Gassi führen: ______	bürsten: ______	spielen: ______
Gesamtzeit: ______		

! 1h = 60 min

F: Wie lange spielt Mareike mit dem Hund?

R:

A:

Tabellen anlegen

→ **Tabellen** helfen dir, wenn du die Anzahlen von vielen verschiedenen Dingen übersichtlich darstellen möchtest. Lege dir eine Tabelle mit Strichliste an, dann hast du einen besseren Überblick.

1 Lege eine Tabelle mit Strichliste an. Beantworte dann die Fragen.

Die Kinder in der Klasse 3 c stimmen heute darüber ab, wer beim Schulfest welchen Stand betreuen möchte.

Eva: Torwand	Finn: Torwand	Jozo: Tombola
Sarah: Sackhüpfen	Kristin: Kegeln	Jannik: Dosenwerfen
Benni: Dosenwerfen	Elke: Sackhüpfen	Laura: Kegeln
Thomas: Tombola	Celina: Sackhüpfen	Simone: Sackhüpfen
Luna: Sackhüpfen	Jan: Dosenwerfen	Lisa: Tombola
David: Tombola	Ruben: Torwand	Felix: Tombola
Amelie: Sackhüpfen	Juliette: Sackhüpfen	Anna: Sackhüpfen

Torwand				

F: Wie viele Kinder möchten die Tombola übernehmen?

A:

F: Wie viele Kinder möchten insgesamt das Kegeln und Dosenwerfen betreuen?

R:

A:

F: An welchem Stand möchten die meisten Kinder sein?

A:

Diagramme lesen

→ Bei **Diagrammen** geht es um das genaue Ablesen und Vergleichen. Nimm dir dafür genügend Zeit. Schau dir die Einheiten im Diagramm genau an. Dann kannst du die Fragen leicht beantworten.

1 Lies das Diagramm.

Am Ende des Schuljahres findet in der Grundschule Sternhausen eine Projektwoche statt. Die Schüler haben sich für folgende Kurse angemeldet:

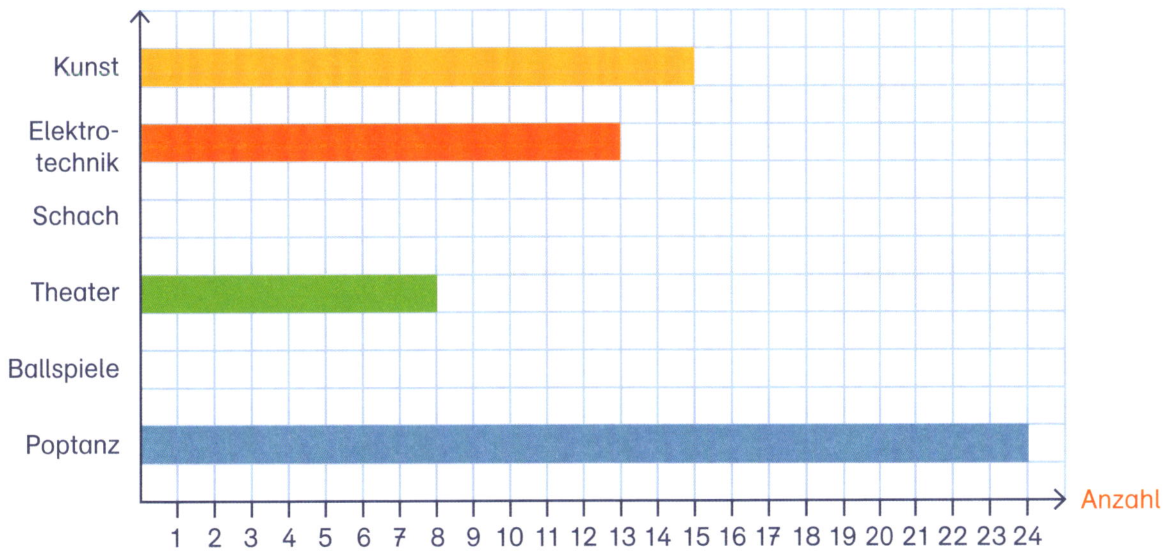

2 Trage die Schülerzahlen ein.

Elektrotechnik: ______ Theater: ______ Poptanz: ______

3 Für den Schachkurs tragen sich 23 Kinder und für die Ballspiele 21 Kinder ein. Zeichne in das Diagramm ein.

4 Beantworte die Fragen.

In welcher Gruppe sind die meisten Kinder? ______________________

In welcher Gruppe sind die wenigsten Kinder? ______________________

Wie viele Kinder sind im Kunstkurs? ______________________

Alle Tipps auf einen Blick

→ Eine Textaufgabe besteht immer aus 3 Teilen:

F: Frage **R:** Rechnung **A:** Antwort

So gehst du beim Lösen vor:

1. Lies zuerst nur den **Text** genau durch.
   Beginne noch nicht mit dem Rechnen. 
2. Erzähle die **Rechengeschichte** mit deinen eigenen Worten und stelle sie dir in Bildern vor. 
3. Unterstreiche alle wichtigen **Angaben**. 
4. Wie heißt die **Frage**? Musst du die Frage selbst finden? **F**
5. Überlege, ob dir eine **Zeichnung** oder **Tabelle** helfen kann. 
6. Achte auf die **Rechenwörter** und überlege dir, ob du plus, minus, mal oder geteilt rechnen musst.

7. Rechne **schrittweise**. **R**
8. Kontrolliere, ob dein Ergebnis stimmen kann.
   Rechne die **Umkehraufgabe**.
9. Lies die Frage noch einmal durch und finde einen passenden **Antwortsatz** dazu. **A**

Halbschriftlich addieren und subtrahieren

1 Lies die Aufgabe und unterstreiche die wichtigen Angaben. Rechne aus.

Im Tierpark befinden sich im Vogelgehege 145 Papageien
und 113 Kakadus.

F: Wie viele Vögel sind insgesamt im Gehege?

R:

	1	4	5	+	1	1	3	=				
				+				=				
				+				=				
				+				=				
	1	4	5	+	1	1	3	=				

A: Im Gehege sind insgesamt ______ Vögel.

Nun werden 126 Vögel aus dem Vogelgehege genommen und zu den Schildkröten verlegt.

F: Wie viele Vögel bleiben noch im Gehege?

R:

				−				=				
				−				=				
				−				=				
				−				=				
				−				=				

A: Es bleiben noch ______ Vögel im Gehege.

Halbschriftlich addieren und subtrahieren

2 Welches Rechenzeichen brauchst du? Kreise es ein. Rechne halbschriftlich.

Die 113 Ziegen im Wildpark haben Nachwuchs bekommen.
29 kleine Zicklein sind geboren worden.

F: Wie viele Ziegen sind nun im Wildpark?

R: + – · :

A:

3 Löse die Aufgaben in deinem Heft. Finde die Rechenfrage. Rechne aus und beantworte deine Frage.

In der Schulbücherei gibt es 431 Bücher. Dieses Jahr werden 63 Bücher dazugekauft.

In der Bäckerei Sickinger wurden heute früh 368 Brezen gebacken. Am Morgen wurden bereits 251 verkauft.

Tobias steigt auf den „Alten Peter“. Das ist ein Turm in München mit insgesamt 306 Stufen. 258 Stufen hat Tobias bereits geschafft.

Im Stadtpark werden 83 Ahornbäume neu gepflanzt. Jetzt sind es insgesamt 281 Ahornbäume.

König Karl wohnt in einem Palast. Er hat 41 Diener, 63 Köche und 27 Gärtner. 5 Bedienstete haben zur Zeit Grippe.

Schriftlich addieren und subtrahieren bis 1000

1 Lies die Aufgaben. Unterstreiche die wichtigen Angaben und rechne schriftlich aus.

Auf Burg Gruselstein ist es eisig kalt und finster. Nur die 545 Spinnen, 141 Fledermäuse und 133 Ratten fühlen sich hier wohl.

F: Wie viele Tierchen leben auf Burg Gruselstein?

R:

```
  5 4 5
+
______
```

A: Auf Burg Gruselstein leben ______ Tierchen.

Vampir Vladimir rennt um die Ecke und meint: „Puh! Von den 728 Fledermäusen habe ich 331 in die Nachbarburg vertrieben.“

F: Wie viele Fledermäuse sind noch in Vampir Vladimirs Burg?

R:

A: In Vampir Vladimirs Burg sind noch ______ Fledermäuse.

Die vertriebenen Fledermäuse zahlen es Vampir Vladimir nun heim und legen Knoblauch aus. Im hohen Turmzimmer verstecken sie 563 Knoblauchzehen und im Rittersaal 145 weniger als im Turmzimmer.

F: Wie viele Knoblauchzehen sind insgesamt versteckt?

R:

A: Es sind insgesamt ______ Knoblauchzehen versteckt.

Schriftlich addieren und subtrahieren bis 1000

2 Löse diese Aufgaben in deinem Heft. Addiere und subtrahiere schriftlich. Finde den passenden Antwortsatz.

Der Förster vom Silberwald beobachtet von seinem Hochsitz aus die Waldtiere. Im Moment leben im Silberwald 394 Wildschweine, 271 Rehe und 202 Hasen.

F: Wie viele Tiere tummeln sich im Silberwald?

Hexe Kochfix braut ihr Lieblingsgericht „Bohnensuppe mit Pfiff“. Dazu braucht sie 731 weiße und 129 rote Bohnen.

F: Wie viele Bohnen braucht die Hexe Kochfix insgesamt?

Im letzten Jahr brauchten die Einwohner von Besenstadt an 111 Tagen einen Regenschirm.

! Ein Jahr hat meist 365 Tage.

F: An wie vielen Tagen hat es in Besenstadt nicht geregnet?

Hund Egon hat in seinem Fell 239 Flöhe. Hund Manon hat sogar 273. Im Fell von Hund Knurri tummeln sich 50 Flöhe mehr als im Fell von Egon.

F: Wie viele Flöhe führen die drei Hunde insgesamt spazieren?

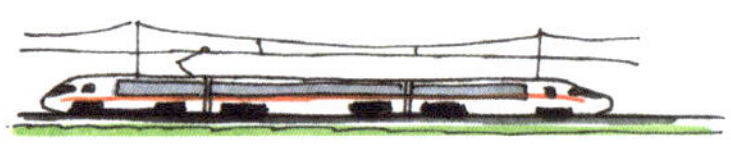

Der ICE fährt von Köln über Frankfurt nach Mannheim. 683 Personen fahren von Köln aus in Richtung Frankfurt los. In Frankfurt steigen 249 Personen aus und 372 Personen ein.

F: Wie viele Personen kommen in Mannheim mit diesem ICE an?

In der Grundschule Kirchfeld wird Fasching gefeiert. Die Bäckerei Korn liefert die Muffins für die Faschingsfeier. Die Schule besuchen 216 Mädchen und 209 Jungen. Es unterrichten 3 Lehrer und 15 Lehrerinnen.

F: Wie viele Muffins liefert die Bäckerei Korn, wenn jeder einen Muffin bekommt?

Multiplizieren und dividieren

1 Rechne aus.

In der Eisdiele wurden 6 Eiswaffeln bestellt. Eisverkäufer Antonio füllt in jede Waffel 3 Kugeln Eis.

F: Wie viele Kugeln Eis füllt Antonio insgesamt ein?

R:

A: Antonio füllt insgesamt ______ Kugeln Eis ein.

2 Schau dir die Bilder an und rechne aus.

Wie viele Orangen sind in 4 Schalen?

In 4 Schalen sind ______ Orangen.

Mehmet hat halb so viele Flugzeuge.

Er hat ______ Flugzeuge.

Oma hat 5 Bleche gebacken.

Das sind ______ Plätzchen.

Frau Holle schüttelt 3 Kissen aus.

______ Federn fliegen davon.

3 Löse die Aufgaben in deinem Heft.

Katharina möchte ihrer Freundin Anna ein besonderes Geschenk machen. Dazu bemalt sie 5 Tassen. Auf jede Tasse malt sie 4 Schmetterlinge.

F: Wie viele Schmetterlinge malt Katharina?

Im Kunstunterricht der Klasse 3d stellt Frau Faber je 7 Farbtöpfe auf 5 Gruppentische.

F: Wie viele Farbtöpfe hat Frau Faber dabei?

Paula hat mit Mama Plätzchen gebacken. Sie verteilt 24 Vanillekipferl und 12 Zimtsterne auf 4 Teller.

F: Wie viele Plätzchen liegen insgesamt auf jedem Teller?

Die Kinder der Klasse 3a stellen sich in 4 Reihen mit je 6 Kindern auf.

F: Wie viele Kinder gehen in die Klasse 3a?

Am Ruderwettbewerb nehmen 32 Sportler teil. In einem Ruderboot haben 4 Personen Platz.

F: Wie viele Ruderboote sind bei dem Wettrudern dabei?

Hexe Rübennase möchte im Sommer Karotten aus dem eigenen Hexengarten ernten. Dazu sät sie Karottensamen an. In jede Reihe passen 8 Samen. Insgesamt hat Hexe Rübennase 72 Samen.

F: Wie viele Reihen kann Hexe Rübennase ansäen?

Im Kindergarten Spatzennest gibt es 8 Dreiräder, 3 Roller und 5 Tretautos.

F: Wie viele Räder haben die Spielfahrzeuge zusammen?

Multiplizieren und dividieren mit Zehnerzahlen

1 Rechne aus und finde die passende Antwort.

Die böse Hexe Knollennase möchte den guten Hexen ungenießbare Pilze kochen. Sie sammelt für jede der 30 Hexen 5 Fliegenpilze.

F: Wie viele Fliegenpilze braucht Hexe Knollennase?

R: $30 \cdot 5 =$ ______

Einfache Aufgabe: $3 \cdot 5 =$ ______

! Rechne zuerst die einfache Aufgabe.

A: ______________________________

Der Waldzwerg Karumpel verteilt 480 Kröteneier gerecht an 8 befreundete Zauberer.

F: Wie viele Kröteneier erhält jeder Zauberer?

R: $480 : 8 =$ ______

Einfache Aufgabe: $48 : 8 =$ ______

A: ______________________________

2 Rechne und beantworte in deinem Heft.

Im Eismeer schwimmen 9 Eisbären. Jeder Eisbär fängt 60 Fische.

F: Wie viele Fische fangen die Eisbären insgesamt?

In die Autowerkstatt Horn kommen 80 Autos, bei denen die Reifen gewechselt werden müssen.

F: Wie viele Reifen müssen für den Winter gewechselt werden?

Ein großer Supermarkt bestellt 360 Eier.

F: Wie viele 6er-Eierschachteln sind das?

Divisionsaufgaben mit Rest

1 Bündle, male und rechne aus.

In der Osterhasenwerkstatt wird das Osterfest vorbereitet. Ein Topf Farbe reicht für 9 Ostereier. 48 Ostereier müssen bemalt werden.

F: Wie viele Farbtöpfe werden benötigt?

Zeichnung:

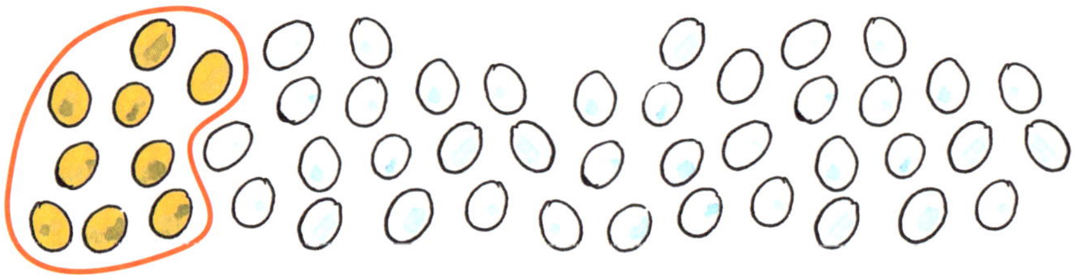

R: 48 : 9 = ?

45 : 9 = ______

48 : 9 = ______ R ______

A: Die Osterhasen brauchen ______ Farbtöpfe, um alle 48 Ostereier anmalen zu können.

Ein Osterhase soll 60 Ostereier verstecken. Es passen immer 7 Eier in den Korb.

F: Wie oft muss er den Korb füllen?

Zeichnung:

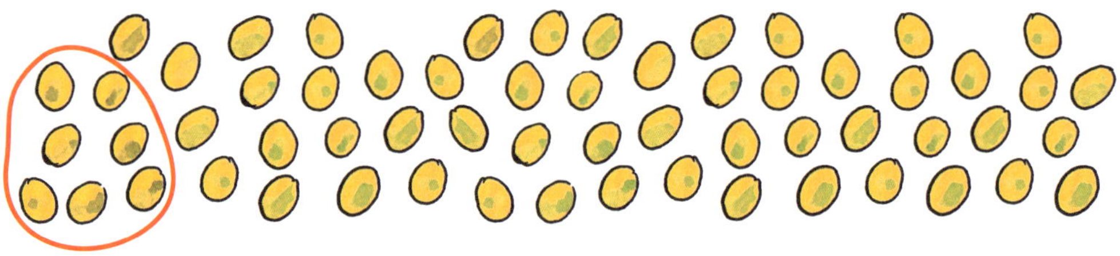

R: 60 : 7 = ?

56 : 7 = ______

60 : 7 = ______ R ______

A: Er muss den Korb ______-mal füllen.

Divisionsaufgaben mit Rest

2 Löse die Aufgaben in deinem Heft.

Auf dem Geburtstagsfest von Alisa werden 57 weiße Zuckermäuse an 7 Kinder verteilt.

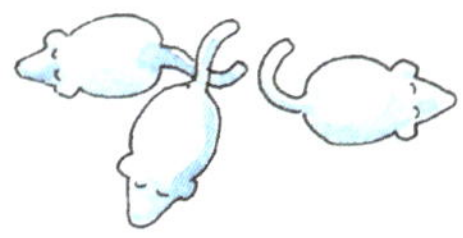

F: Wie viele Mäuse bekommt jedes Kind und wie viele bleiben übrig?

Im Zeltlager Moorenwiese hat sich eine Gruppe mit 29 Kindern angekündigt.

F: Wie viele Zelte müssen aufgestellt werden, wenn in jedem Zelt 3 Kinder Platz finden?

Die 17 Jugend-Eishockeyspieler des EC Eisstadt fahren zu einem Auswärtsspiel. In jedes Auto passen 3 mitfahrende Spieler.

F: Wie viele Autos werden benötigt, um alle Spieler zu fahren?

Am Rangierbahnhof stehen 33 Waggons und 5 Lokomotiven. An jede Lokomotive sollen gleich viele Waggons angekoppelt werden.

F: Wie viele Waggons bleiben übrig?

Der Förster verteilt im Winter für die Tiere im Wald 53 Apfelsäcke auf 7 Futterkrippen.

F: Wie viele Apfelsäcke werden in jede Futterkrippe gefüllt und wie viele Säcke bleiben übrig?

Rechnen mit Zeit

1 Lies die Aufgabe genau durch und unterstreiche alle wichtigen Angaben.

In der Waldzauberschule findet der jährliche Sportwettbewerb statt. Hierbei müssen die kleinen Zauberer klettern und fliegen. Der Wettbewerb beginnt um 9 Uhr am Fuße des Zauberberges. Zauberlehrling Rabenschwarz braucht für das Klettern 1 h 20 min. Danach geht es gleich weiter mit dem Fliegen. Beim Fliegen kommt er nach 60 km um 11.30 Uhr an.

2 Trage alle unterstrichenen Angaben aus Aufgabe 1 in die Skizze ein.

Skizze:

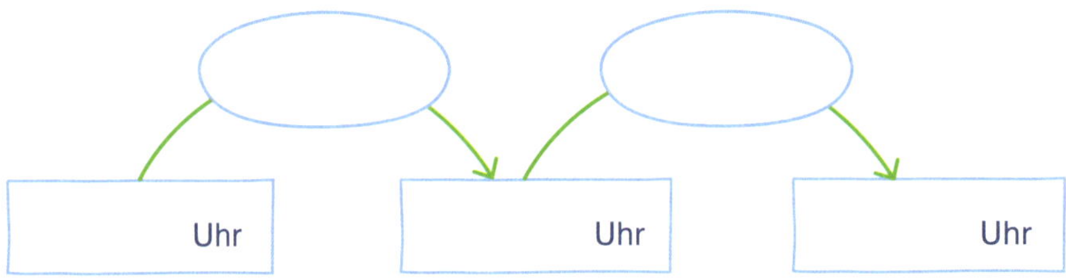

3 Löse die folgenden Aufgaben. Die Skizze aus Aufgabe 2 hilft dir dabei.

F: Um wie viel Uhr beendet Rabenschwarz das Klettern?

R:

A:

F: Wie lange braucht Rabenschwarz für das Fliegen?

R:

A:

4 Lies dir die Aufgabe durch und sieh dir die Zeichnung an. Rechne aus.

Carlos fährt von zu Hause aus mit seinem Roller zum Fußballtraining. Er braucht für den Weg 15 min. Das Training beginnt um 15.30 Uhr. Carlos möchte aber 10 min eher dort sein, um sich noch in Ruhe umziehen zu können.

F: Wann muss Carlos spätestens von zu Hause losfahren?

Zeichnung:

[______ Uhr] — (+ 15 min) → [______ Uhr] — (+ ____ min) → [______ Uhr]

R:

A: Carlos muss um ________________ von zu Hause losfahren.

5 Löse die Aufgaben in deinem Heft.

Lisas Gitarrenunterricht beginnt um 13.45 Uhr und dauert 35 min.

! 1 h = 60 min

F: Wann ist der Gitarrenunterricht zu Ende?

Tanja freut sich auf ihren Computerkurs in der Schule. Er beginnt um 15 Uhr und dauert bis 16.30 Uhr. Tanja braucht 10 min bis zur Schule.

! Denke an die Zeit für den Heimweg.

F: Wie lange ist Tanja von zu Hause weg?

Rechnen mit Geld

1 Sieh dir die Bilder an. Löse die Aufgaben.

> **!** 100 ct = 1 € = 1,00 €
> Das Komma trennt € und ct.

Vivien will sich verkleiden und braucht dafür noch die Krone, die Maske und die Federboa.

F:

R:

A:

Sabrina möchte als Clown auf den Faschingsball gehen und will sich deswegen eine Clownsjacke kaufen. Sie bezahlt im Geschäft mit einem 50-Euro-Schein.

F:

R:

A:

2 Löse mithilfe des Streifenmodells. Trage alle Angaben ein und rechne aus.

Cornelius möchte gerne Klettern lernen. Er hat für den Kauf der Ausrüstung 100 € gespart. Er kauft sich einen Hüftgurt, ein Seil und einen Helm.

F: Welche Farbe werden seine Kletterschuhe haben?

Streifenmodell:

 35€			Rest:

R:

A:

3 Rechne in deinem Heft.

Die Räuber Charly und Boss vergleichen ihre Beute miteinander. Charly hat eine Perlenkette im Wert von 99 €, Goldbarren für 365 €, einen 200-Euro-Schein und drei 50-Euro-Scheine erbeutet. Boss hat in seinem Sack einen MP3-Player für 149 €, einen Diamanten im Wert von 568 € und einen Ring, der 273 € wert ist.

F: Wer hat mehr erbeutet?

Rechnen mit Längen

100 cm = 1 m

1 Trage die Längen der Dinosaurier in die Zeichnung ein und beantworte die Frage.

Der Gallimimus war etwa 6 m lang. Der Stegosaurus war um die Hälfte länger als der Gallimimus. Der Parasaurolophus war etwa 100 cm länger als der Stegosaurus. Der Tyrannosaurus war 8 m länger als der Gallimimus.

F: Welcher Dinosaurier war der längste?

Zeichnung:

6 m
Gallimimus

Stegosaurus

Parasaurolophus

Tyrannosaurus

A:

2 Löse mithilfe des Streifenmodells. Trage alle Angaben in die Streifen ein, rechne aus und finde die passende Antwort.

Tobias fährt mit Tante Traudl nach Pisa. Die Strecke beträgt insgesamt 790 km. Am ersten Tag fahren sie 245 km und am zweiten Tag 360 km.

F: Wie viele Kilometer legen sie am dritten Tag zurück?

Streifenmodell:

R:

A:

3 Löse die Aufgaben in deinem Heft.

Maria trainiert für das Inliner-Rennen. Sie fährt jeden Tag die gleiche Runde. In 7 Tagen hat sie insgesamt 105 km zurückgelegt.

F: Wie viele Kilometer ist Maria am Tag gefahren?

Lastwagenfahrer Kurt fährt eine Ladung Bananen von Hamburg nach München. Das sind insgesamt 819 km. Am ersten Tag legt er 479 km zurück.

F: Wie viele Kilometer muss Kurt am zweiten Tag fahren?

Im Werkunterricht sägen die Kinder von einer 3,50 m langen Holzleiste Stücke von je 90 cm Länge ab. Jutta braucht 3 Stücke.

F: Wie viele Zentimeter bleiben von der langen Holzleiste übrig?

Beim Spaß- und Sportfest der Grundschule Maxberg springt Christoph 37 cm weiter als Felix. Felix springt 42 cm weniger weit als Ole, der 3,12 m schafft.

F: Wie weit springen Christoph und Felix?

Herr Groß fährt von Montag bis Freitag 5 km einfache Strecke zur Arbeit. In dieser Woche ist die Strecke wegen Bauarbeiten gesperrt und Herr Groß muss die längere Strecke von 8 km zur Arbeit fahren.

> **!** Herr Groß fährt jeden Tag hin und zurück!

F: Wie viele Kilometer fährt Herr Groß mehr als letzte Woche?

Tim und Nils laufen um die Wette. In 1 s läuft Tim 5 m. In 1 s schafft Nils 3 m.

F: Wie viele Meter Vorsprung hat Tim nach 45 s?

Rechnen mit Gewichten

1 Sieh dir die Tiere mit den Gewichtsangaben an. Übertrage in das Diagramm.

300 kg | 800 kg | 500 kg | 50 kg | 1 000 kg | 450 kg

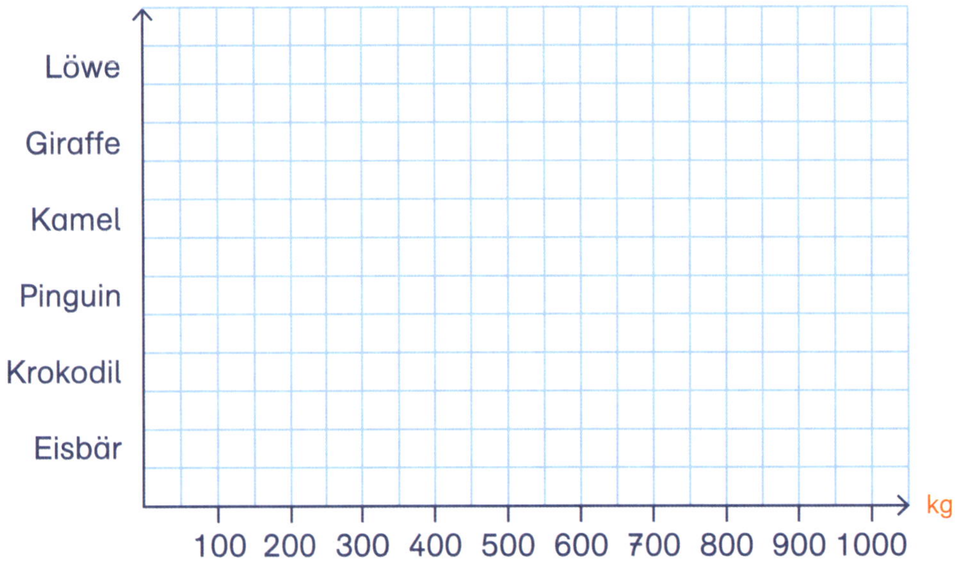

2 Lies im Diagramm ab und kreuze an.

Der Eisbär brummt: „Ich bin schwerer als der Löwe!“

☐ stimmt ☐ stimmt nicht

Der Löwe gähnt nur müde: „Ich bin das zweitschwerste Tier unter euch!“

☐ stimmt ☐ stimmt nicht

Die Giraffe säuselt: „Der Eisbär ist ein alter Angeber. Ich bin trotz meiner zierlichen Erscheinung schwerer als Löwe und Krokodil zusammen!“

☐ stimmt ☐ stimmt nicht

3 Löse diese Aufgaben in deinem Heft.

> ! 1 kg = 1 000 g

Thomas geht in die Metzgerei Bösl. Er kauft 150 g Salami, 220 g Schinken, 340 g Hackfleisch und 1,2 kg Rinderbraten.

F: Wie viel Kilogramm trägt Thomas nach Hause?

Konditormeister Schleck stellt Ostereier aus Nougat her. Er hat 450 g Nougatmasse. Daraus kann er 9 Eier formen.

F: Wie viel Gramm wiegt jedes Osterei?

Auf dem Oktoberfest ziehen 8 Pferde eine Kutsche mit 20 Fässern. Ein Holzfass wiegt 40 kg, die Kutsche alleine wiegt 200 kg.

F: Wie viel Gewicht muss jedes Pferd ziehen?

Familie Berger macht Urlaub im Hotel „Zur goldenen Sonne". Sie möchte ihr Gepäck mit dem Aufzug auf das Zimmer bringen. Der Aufzug darf höchstens 350 kg befördern. Herr Berger wiegt 85 kg, Frau Berger 65 kg, Stefanie 35 kg und Hund Nelli 5 kg. Die Familie hat 2 Koffer zu je 18 kg und 3 Rucksäcke zu je 14 kg dabei.

F: Dürfen alle gemeinsam mit dem gesamten Gepäck Aufzug fahren?

Anja möchte ihr Kinderzimmer neu einrichten. Sie fährt mit ihrer Mutter in das Möbelhaus. Dort kaufen sie zwei Stühle mit je 15 kg, einen Schrank mit 130 kg und einen Spiegel mit 32 kg. Anja und ihre Mutter wiegen zusammen 95 kg. Ihr Auto dürfen sie mit 300 kg beladen.

F: Können sie noch ein Regal mit 36 kg mitnehmen?

Gemischte Aufgaben

1

Rechne halbschriftlich. Finde die Antwort.

In der Pizzeria „Bei Raffaele“ legt Pizzabäcker Carlo 6 Oliven und 8 Salamischeiben auf jede Pizza Speziale. Am Freitag hat er die Pizza Speziale 47-mal gebacken.

F: Wie viele Oliven und wie viele Salamischeiben hat Carlo dafür gebraucht?

R:

6	·	4	7	=
6	·	4	0	=
6	·		7	=
6	·	4	7	=

8	·	4	7	=
8	·	4	7	=

A: Carlo hat ______ Oliven und ______ Salamischeiben gebraucht.

2

Rechne schriftlich aus. Beantworte.

Von ihrem Geburtstagsgeld kauft sich Lea eine Skiausrüstung. Die Skier kosten 129 €, die Bindungen 27 €, die Skischuhe 59 €, der Helm 39 € und die Skibrille 19 €. Da das Geburtstagsgeld von 250 € nicht reicht, legen die Eltern den fehlenden Betrag dazu.

F: Wie viel bezahlen Leas Eltern?

R:

A:

3

Rechne aus und schreibe den Antwortsatz auf.

Tina möchte 300 g Butterkekse kaufen. Beim Bäcker kosten 100 g Kekse 1,60 €. Im Supermarkt kann Tina sich zwischen einer Packung mit 150 g für 2,40 € und einer Dose mit 300 g für 4,50 € entscheiden.

F: Welches Angebot ist am günstigsten?

R:

! Berechne den Preis für 300 g Kekse, damit du besser vergleichen kannst.

A:

4

Fertige eine Zeichnung an und rechne aus.

Vom Schwarzensee bis zur Braunsteinhütte sind es 22 km. Carla, Maxi und Antonia möchten bis zur Felsenruine wandern, die genau in der Mitte zwischen Schwarzensee und Braunsteinhütte liegt. Sie werden auf dem Hinweg bei der Hälfte der Strecke Pause machen.

F: Wie viele Kilometer wandern sie bis zur Pause?

Zeichnung:

Schwarzensee

Braunsteinhütte

R:

A:

Gemischte Aufgaben

5

Lies die Aufgabe genau und rechne dann aus.

Die Rektorin der Grundschule Grafhausen kann für neue Sportgeräte 98 € ausgeben. Sie kauft davon 6 Sprungseile für je 5 €, 8 Bälle für je 7 € und Reifen für 6 €.

F: Wie viele Reifen kann sie kaufen?

R:  ______ · ______ € = ______ €

 ______ · ______ € = ______ €

98 € – ______ € – ______ € = ______ €

 ______ € : ______ € = ______

A: Sie kann ______ Reifen kaufen.

6

Löse die Aufgaben in deinem Heft.

In der Wüste stehen 3 Kakteen. Der erste Kaktus hat 440 Stacheln, der zweite die Hälfte der Stacheln vom ersten und der dritte hat 110 Stacheln.

F: Wie viele Stacheln haben alle Kakteen zusammen?

Das Fußballstadion des FC Rot-Weiß hat 1 000 Plätze. 793 Karten wurden für das kommende Spiel bereits verkauft. 65 Plätze sind für Rollstuhlfahrer reserviert.

F: Wie viele Karten können noch verkauft werden?

7 Löse die Aufgaben in deinem Heft.

Die dicke Unke Karunke schnappt sich in einer Stunde 6 Fliegen.

F: Wie viele Fliegen frisst Karunke in 9 Stunden?

Frau Walter, die Lehrerin der Klasse 3d, sammelt Geld für den Ausflug in das Technikmuseum ein. Jedes Kind muss 6 € bezahlen. Frau Walter hat schon 84 € von den Kindern erhalten. 9 Kinder müssen noch bezahlen.

F: Wie viele Kinder gehen in die Klasse 3d?

24 Kinder feiern mit ihrer Lehrerin Halloween. Die Lehrerin, Frau Schwarz, besorgt saure Gummischlangen für die Feier. Alle Kinder und die Lehrerin bekommen 1 Gummischlange. Eine Packung mit 5 Gummischlangen kostet 2,50 €.

F: Wie viel bezahlt Frau Schwarz?

Die Kinderoper spielt „Die Zauberflöte". Am Donnerstag war die Grundschule mit 361 Zuschauern in der Vorstellung. Am Freitag waren es am Nachmittag 247 Zuschauer und am Samstag haben 337 Zuschauer die Vorstellung gesehen.

F: Wie viele Zuschauer haben die Vorstellung an den drei Tagen insgesamt besucht?

Auf dem Schwanensee kann der Kapitän bei jeder Schiffsrundfahrt 8 Personen mitnehmen. Eine Schiffsrundfahrt kostet 7 € pro Person. Der Kapitän hat heute schon 40 Personen über den See gefahren. Sein Schiff war jedes Mal voll. Er macht heute noch drei Rundfahrten mit voll besetztem Schiff.

F: Wie viel verdient der Kapitän heute insgesamt?

Zahlenrätsel

1 Rechne mit der Umkehraufgabe aus und finde die passende Antwort.

Wenn ich von meiner Zahl 73 abziehe, erhalte ich 165.

Meine gesuchte Zahl heißt ______.

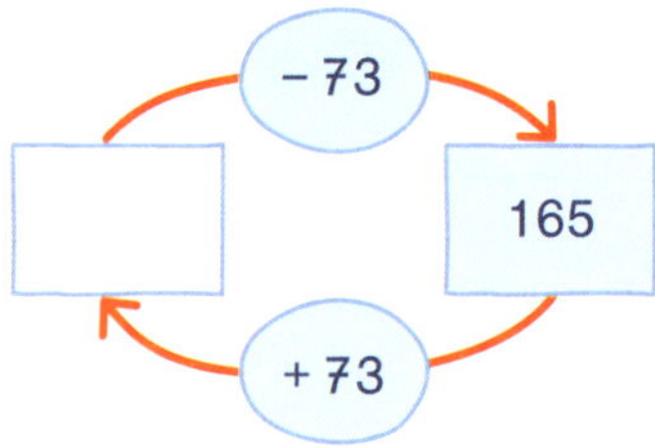

Wenn ich von meiner Zahl 45 abziehe, erhalte ich das Doppelte von 75.

Meine gesuchte Zahl heißt ______.

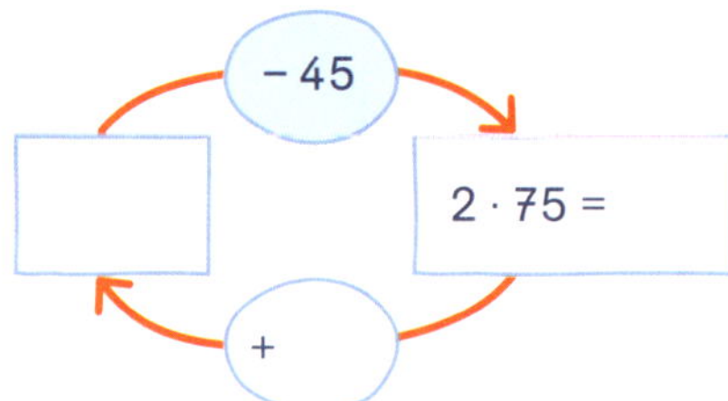

Wenn ich zu meiner Zahl 53 addiere, erhalte ich das Vierfache von 25.

Meine gesuchte Zahl heißt ______.

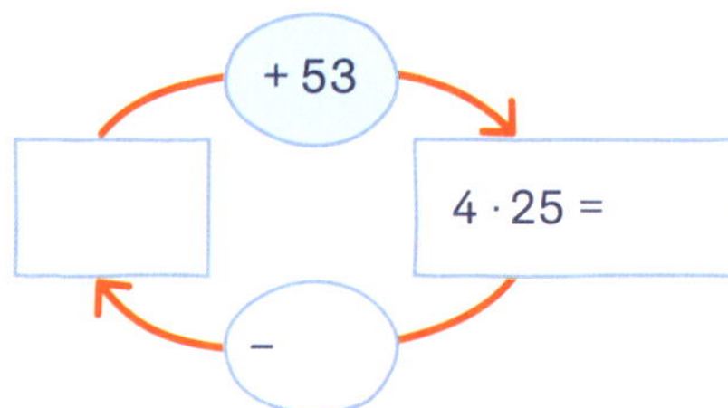

Wenn ich zu meiner Zahl 28 addiere und das Ergebnis durch 3 teile, erhalte ich 15.

Meine gesuchte Zahl heißt ______.

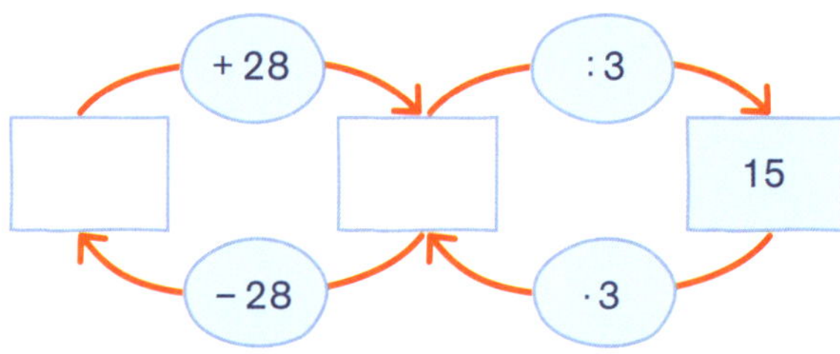

Wenn ich meine Zahl mit 9 multipliziere und 28 addiere, erhalte ich die Hälfte von 200.

Meine gesuchte Zahl heißt ______.

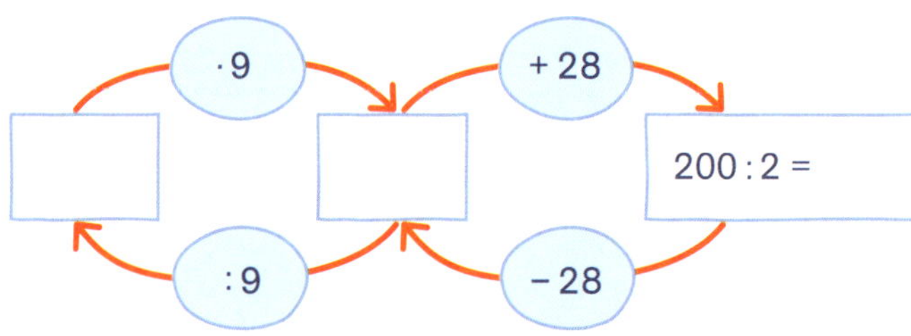

2

Finde selbst den Rätseltext zu den Zahlen und löse die Aufgabe.

____ + 134 = 267

Wenn ich zu meiner Zahl ____________________

____ − 87 = 540

Wenn ich von meiner Zahl ____________________

____ : 5 = 2 · 10

____

____

____ + 49 − 103 = 0

____

____

3

Verbinde jedes Zahlenrätsel mit der richtigen Lösungszahl.

Füge zum Unterschied zwischen den Zahlen 70 und 90 die Zahl 300 hinzu.	320
Berechne den Unterschied zwischen 700 und 900 und verdreifache das Ergebnis.	290
Vervielfache die Zahl 90 mit 4 und ziehe 70 ab.	600

R:

Zahlenrätsel

4 Noch mehr zum Knobeln! Rechne in deinem Heft und trage das Lösungswort hier ein. Dann erfährst du, was der Pirat besonders mag.

Bilde aus den Ziffern 1, 3 und 5 die größtmögliche 3-stellige Zahl und ziehe davon 247 ab.	284 **P** 248 **G** 842 **L**
Addiere zu der Differenz der Zahlen 50 und 70 die Summe dieser beiden Zahlen.	240 **O** 410 **S** 140 **A**
Nimm den achten Teil der Zahl 320 und verfünffache das Ergebnis.	200 **P** 300 **L** 400 **D**
Füge zum Unterschied der Zahlen 246 und 137 die Zahl 546 dazu.	566 **E** 655 **A** 656 **T**
Verdopple 150 und nimm mal 3.	909 **R** 990 **U** 900 **G**
Nimm die größte 3-stellige Zahl, die aus verschiedenen Ziffern besteht, und ziehe 765 ab.	222 **E** 333 **T** 444 **Z**
Nimm 9 mal 9 und rechne 810 dazu.	981 **C** 891 **I** 819 **B**

Lösungswort:

1	2	3	4	5	6	7

1 Male in die Kästchen und rechne aus, wie viele Möglichkeiten es gibt.

Julia freut sich schon auf ihr Sandwich, das sie sich im Schnellimbiss selbst zusammenstellen kann. Als Belag wählt sie zwischen Salat, Paprika und Gurke. Darauf kommt entweder Salami oder Käse. Als Saucen gibt es Ketchup oder Mayonnaise.

F: Wie viele Möglichkeiten hat Julia, ihr Sandwich zu belegen?

Zeichnung:

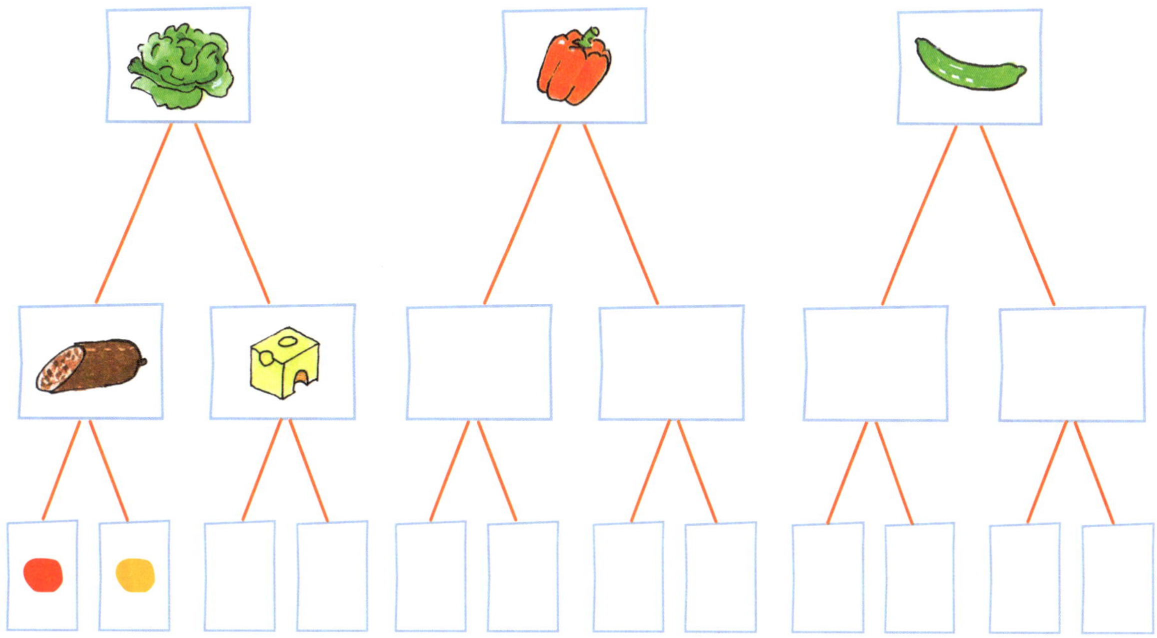

R: _____ + _____ + _____ = _____

A: Julia hat _____ Möglichkeiten, ihr Sandwich zu belegen.

Kombinatorik

2 Male in die Kästchen und rechne aus, wie viele Möglichkeiten es gibt. Achte darauf, dass nichts doppelt vorkommt!

Thomas füttert seine Meerschweinchen. Diese bekommen jeden Tag zwei verschiedene Sorten Gemüse. Zur Auswahl stehen Gurke, Tomate, Salat, Karotte, Paprika und Radieschen.

F: Wie viele Möglichkeiten hat Thomas, das Futter für seine Meerschweinchen zusammenzustellen?

Zeichnung:

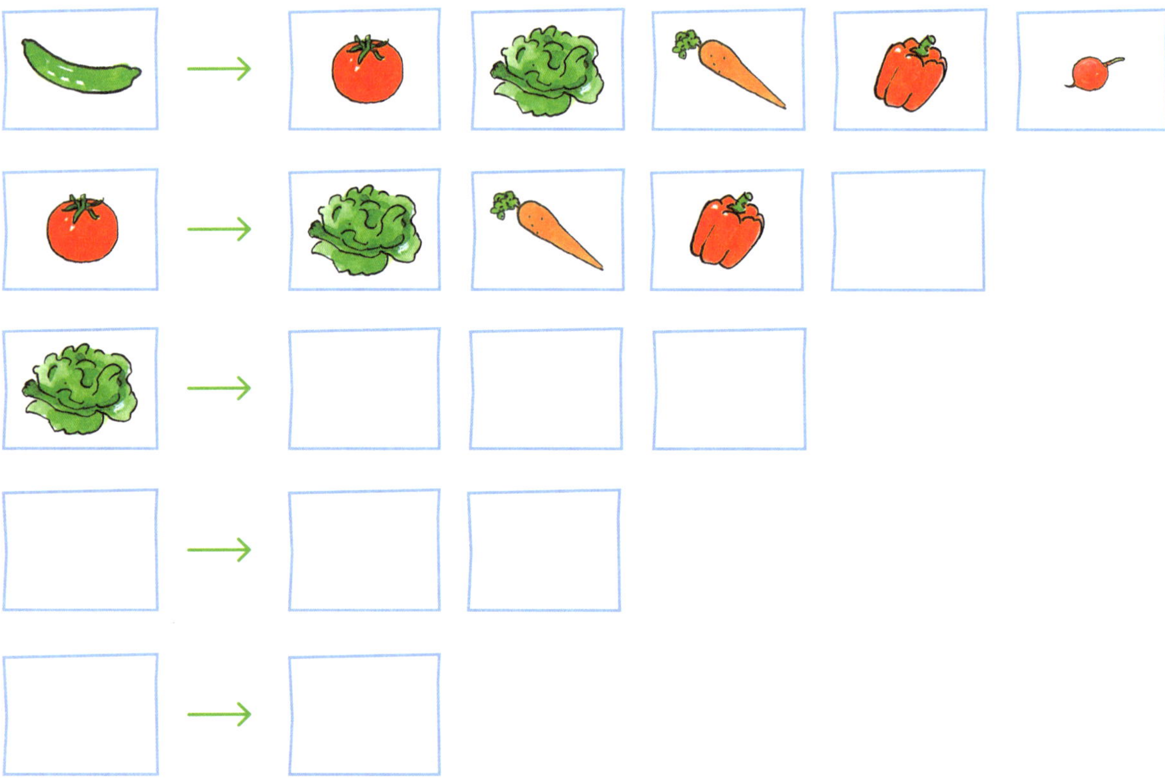

R: ______ + ______ + ______ + ______ + ______ = ______

A: Thomas hat ______ Möglichkeiten, das Futter für seine Meerschweinchen zusammenzustellen.

Seite 4

2 Bis auf die erste und die vierte Frage kannst du alle Fragen beantworten.

Seite 5

1 Florians Aufgabe streichst du durch.
2 Diese Fragen kannst du beantworten:
Wie viele Spielzeugtiere besitzt Natascha?
Wie viele Beine haben alle Tiere zusammen?
Wie viele Reifen haben alle Fahrzeuge zusammen?
Wie viele zweibeinige Tiere besitzt Natascha?

Seite 6

1 + addieren · multiplizieren
− subtrahieren : dividieren

2 + 720 − 421
· 2 : 8
+ 34 · 30
: 2 : 3
· 10 − 13

3 20 + 5 = 25 20 · 5 ct = 100 ct
25 € − 5 € = 20 € 20 − 5 = 15
20 : 5 = 4

Seite 7

1 Anita geht mit ihren Eltern in den Zirkus Balloni. ~~Die Vorstellung beginnt um 15 Uhr.~~ Der Eintritt kostet für Erwachsene 8 € und für Kinder 5 €. ~~Am besten gefallen Anita die Trapezkünstlerin Sabrina, Clown Hugo und die Löwennummer.~~ In der Pause kauft Mama Popcorn für 1,50 € und eine Limo für 2,50 €.

Auf dem Planeten X landen Marsmännchen mit grünen, roten oder blauen Punkten. Davon haben 68 grüne Punkte, 53 ~~hatten Windpocken und~~ haben ~~daher~~ rote Punkte. ~~26 sind mit der superschnellen Turbomaschine gelandet.~~ 25 Marsmännchen haben blaue Punkte.

Die Bücherei in Naudorf besitzt 236 Krimis. ~~213 Krimis finden die Leser besonders spannend.~~ Außerdem gibt es in der Bücherei 267 Sachbücher, ~~davon handeln 13 von Schlangen und Spinnen. Gerne gehen Kinder in die Bücherei zum Vorlesenachmittag.~~ Die Bücherei besitzt 431 Abenteuerbücher.

Seite 8

1 15.30 Uhr, 15 min, 1 km, 400 g, 30 m, 2, 20, doppelt so hoch, 17 Uhr

Seite 9

1 Die erste und die dritte Frage passen.

2 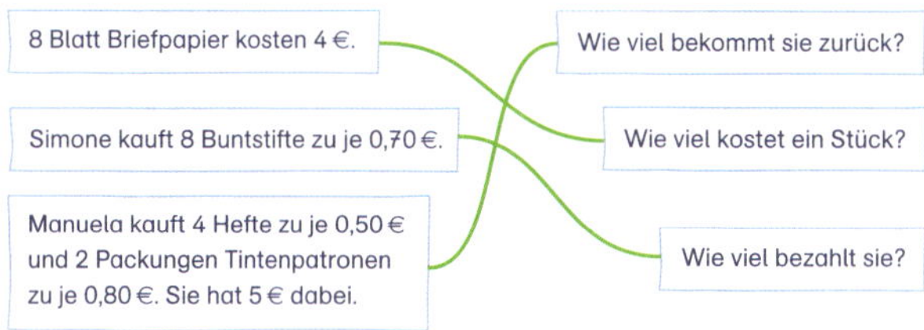

3 **F:** Wie viele Karten sind noch übrig?
oder: Wie viele Plätze sind noch frei?
F: Wie viel wiegt Herr Konrad?

Seite 10

1 Diese Antworten passen:
Es sind 32 Hufe. Es sind 4 Katzen.
Es sind 12 Tiere. Es sind 8 Hühner.
2 Hund Bello ist 5 kg schwer.
Mahmud kauft 1 kg Trauben für 3,60 €.

Seite 11

1 **F:** Wie viele Gäste hat Hexe Zuckerzauber?
R: 8 + 9 = 17
A: Sie hat 17 Gäste.
F: Wie lange dauert der Nachmittagszaubertee?
R: 15 Uhr + 3 h = 18 Uhr
A: Er dauert 3 h.

Seite 12

1 

R: 9 + 3 = 12
A: Es schwimmen nun 12 Quallen im Aquarium.

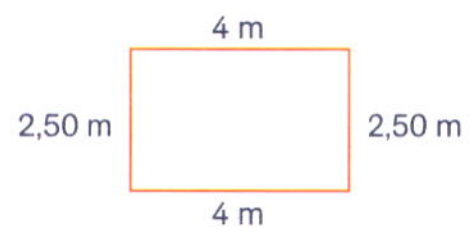

R: 4 m + 4 m + 2,50 m + 2,50 m = 13 m
A: Onkel Rudi braucht 13 m Zaun.

Seite 13

1 Gassi führen | bürsten | spielen | Gesamtzeit

2

Gassi führen: 30 min	bürsten: 5 min	spielen: ____
Gesamtzeit: 1 h		

R: 60 min − 30 min − 5 min = 25 min
A: Mareike spielt 25 min mit dem Hund.

Seite 14

1

Torwand	Sackhüpfen	Dosenwerfen	Tombola	Kegeln
III	卌 III	III	卌	II

A: 5 Kinder möchten die Tombola übernehmen.
R: 2 + 3 = 5
A: 5 Kinder möchten insgesamt das Kegeln und Dosenwerfen betreuen.
A: Die meisten Kinder möchten beim Sackhüpfen sein.

Lösungen

Seite 15

2 Elektrotechnik: 13, Theater: 8, Poptanz: 24

3

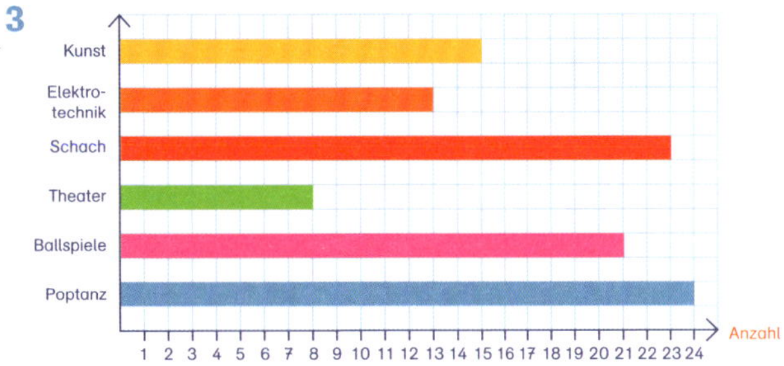

4 Poptanz, Theater, 15 Kinder

Seite 17

1 Im Tierpark befinden sich im Vogelgehege 145 Papageien und 113 Kakadus.

F: Wie viele Vögel sind insgesamt im Gehege?

R:

1	4	5	+	1	1	3	=			
1	0	0	+	1	0	0	=	2	0	0
	4	0	+		1	0	=		5	0
		5	+			3	=			8
1	4	5	+	1	1	3	=	2	5	8

oder

1	4	5	+	1	1	3	=			
1	4	5	+	1	0	0	=	2	4	5
2	4	5	+		1	0	=	2	5	5
2	5	5	+			3	=	2	5	8
1	4	5	+	1	1	3	=	2	5	8

A: Im Gehege sind insgesamt **258** Vögel.

Nun werden 126 Vögel aus dem Vogelgehege genommen und zu den Schildkröten verlegt.

R:

2	5	8	–	1	2	6	=			
2	5	8	–	1	0	0	=	1	5	8
1	5	8	–		2	0	=	1	3	8
1	3	8	–			6	=	1	3	2
2	5	8	–	1	2	6	=	1	3	2

A: Es bleiben noch **132** Vögel im Gehege.

Seite 18

2 Du addierst (**+**):

R: 113 + 29 = 142

A: Es sind nun 142 Ziegen im Wildpark.

3 F: Wie viele Bücher sind dann in der Schulbücherei?

R: 431 + 63 = 494

A: Es sind dann 494 Bücher in der Schulbücherei.

F: Wie viele Brezen hat die Bäckerei noch?

R: 368 – 251 = 117

A: Die Bäckerei hat noch 117 Brezen.

F: Wie viele Stufen muss Tobias noch steigen?

R: 306 – 258 = 48

A: Tobias muss noch 48 Stufen steigen.

F: Wie viele Ahornbäume standen bereits vorher?

R: 281 – 83 = 198

A: Vorher standen bereits 198 Ahornbäume.

F: Wie viele Bedienstete arbeiten gerade für König Karl?

R: 41 + 63 + 27 = 131

131 – 5 = 126

A: Für König Karl arbeiten gerade 126 Bedienstete.

Seite 19

1 Auf Burg Gruselstein ist es eisig kalt und finster. Nur die 545 Spinnen, 141 Fledermäuse und 133 Ratten fühlen sich hier wohl.

R:

	5	4	5
	1	4	1
+	1	3	3
	1		
	8	1	9

A: Auf Burg Gruselstein leben **819** Tierchen.

Vampir Vladimir rennt um die Ecke und meint: „Puh! Von den 728 Fledermäusen habe ich 331 in die Nachbarburg vertrieben."

F: Wie viele Fledermäuse sind noch in Vampir Vladimirs Burg?

R:

	6	12	
	~~7~~	2	8
–	3	3	1
	3	9	7

oder

	7	2	8
–	3	3	1
	1		
	3	9	7

A: In Vampir Vladimirs Burg sind noch **397** Fledermäuse.

Die vertriebenen Fledermäuse zahlen es Vampir Vladimir nun heim und legen Knoblauch aus. Im hohen Turmzimmer verstecken sie 563 Knoblauchzehen und im Rittersaal 145 weniger als im Turmzimmer.

R:

		5	13
	5	~~6~~	3
–	1	4	5
	4	1	8

oder

	5	6	3
–	1	4	5
		1	
	4	1	8

	5	6	3
+	4	1	8
		1	
	9	8	1

A: Es sind insgesamt **981** Knoblauchzehen versteckt.

Seite 20

2 R: 394 + 271 + 202 = 867

A: Im Silberwald tummeln sich 867 Tiere.

R: 731 + 129 = 860

A: Die Hexe Kochfix braucht insgesamt 860 Bohnen.

R: 365 – 111 = 254

A: In Besenstadt hat es an 254 Tagen nicht geregnet.

R: 239 + 273 + 239 + 50 = 801

A: Die drei Hunde führen insgesamt 801 Flöhe spazieren.

R: 683 – 249 = 434   434 + 372 = 806

A: In Mannheim kommen mit diesem ICE 806 Personen an.

R: 216 + 209 + 3 + 15 = 443

A: Die Bäckerei Korn liefert 443 Muffins.

Lösungen

Seite 21

1 R: 6 · 3 = 18
A: Antonio füllt insgesamt **18** Kugeln Eis ein.

2 In 4 Schalen sind **24** Orangen.
Er hat **4** Flugzeuge.
Das sind **35** Plätzchen.
30 Federn fliegen davon.

Seite 22

3 R: 5 · 4 = 20
A: Katharina malt 20 Schmetterlinge.

R: 7 · 5 = 35
A: Frau Faber hat 35 Farbtöpfe dabei.

R: 24 : 4 = 6
12 : 4 = 3
Das sind zusammen 9.
A: Auf jedem Teller liegen insgesamt 9 Plätzchen.

R: 4 · 6 = 24
A: In die Klasse 3a gehen 24 Kinder.

R: 32 : 4 = 8
A: Es sind 8 Ruderboote dabei.

R: 72 : 8 = 9
A: Hexe Rübennase kann 9 Reihen ansäen.

R: 8 · 3 = 24   3 · 2 = 6
5 · 4 = 20
24 + 6 + 20 = 50
A: Die Spielfahrzeuge haben zusammen 50 Räder.

Seite 23

1 R: 30 · 5 = 150
Einfache Aufgabe: 3 · 5 = 15
A: Hexe Knollennase braucht 150 Pilze.

R: 480 : 8 = 60
Einfache Aufgabe: 48 : 8 = 6
A: Jeder Zauberer erhält 60 Kröteneier.

2 R: 9 · 60 = 540
A: Die Eisbären fangen insgesamt 540 Fische.

R: 80 · 4 = 320
A: Es müssen 320 Reifen gewechselt werden.

R: 360 : 6 = 60
A: Es sind 60 6er-Eierschachteln.

Seite 24

1
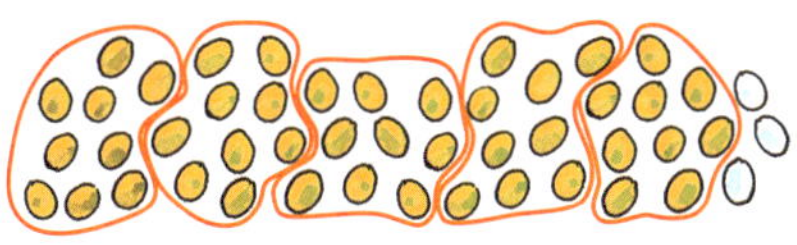

R: 48 : 9 = ?
45 : 9 = 5
48 : 9 = 5 R 3
A: Die Osterhasen brauchen **6** Farbtöpfe, um alle 48 Ostereier anmalen zu können.

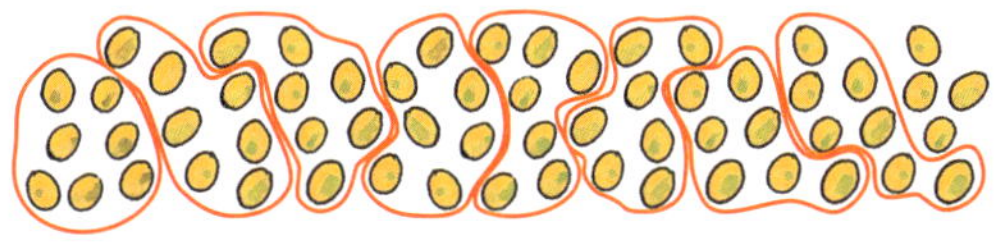

R: 60 : 7 = ?
56 : 7 = 8
60 : 7 = 8 R 4
A: Er muss den Korb **9**-mal füllen.

Seite 25

2 R: 57 : 7 = 8 R 1
A: Jedes Kind bekommt 8 Mäuse.
1 Maus bleibt übrig.

R: 29 : 3 = 9 R 2
A: Es müssen 10 Zelte aufgestellt werden.

R: 17 : 3 = 5 R 2
A: Es werden 6 Autos benötigt.

R: 33 : 5 = 6 R 3
A: Es bleiben 3 Waggons übrig.

R: 53 : 7 = 7 R 4
A: In jede Futterkrippe werden 7 Apfelsäcke gefüllt. 4 Säcke bleiben übrig.

Seite 26

1 In der Waldzauberschule findet der jährliche Sportwettbewerb statt. Hierbei müssen die kleinen Zauberer klettern und fliegen. Der Wettbewerb beginnt um 9 Uhr am Fuße des Zauberberges. Zauberlehrling Rabenschwarz braucht für das Klettern 1 h 20 min. Danach geht es gleich weiter mit dem Fliegen. Beim Fliegen kommt er nach 60 km um 11.30 Uhr an.

2
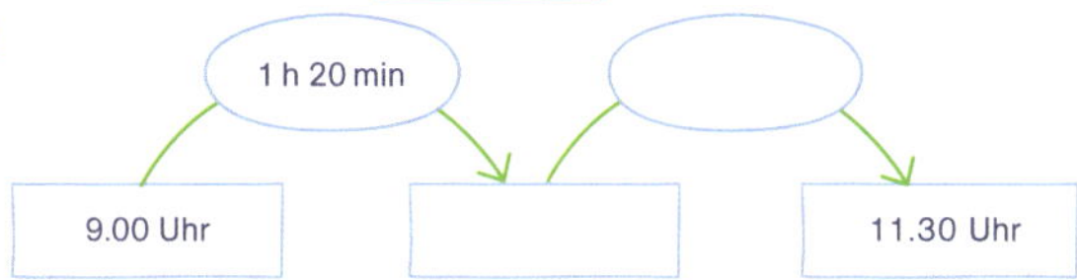

3 R: 9.00 Uhr + 1 h 20 min = 10.20 Uhr
A: Rabenschwarz beendet das Klettern um 10.20 Uhr.

R: 10.20 Uhr + 1 h 10 min = 11.30 Uhr
A: Für das Fliegen braucht Rabenschwarz 1 h 10 min.

Seite 27

4

R: 15 min + 10 min = 25 min
15.05 Uhr + 25 min = 15.30 Uhr
A: Carlos muss um **15.05 Uhr** von zu Hause losfahren.

5 R: 13.45 Uhr + 15 min + 20 min = 14.20 Uhr
A: Der Gitarrenunterricht ist um 14.20 Uhr zu Ende.

Lösungen

R: 15.00 Uhr bis 16.30 Uhr: 90 min
90 min + 10 min + 10 min = 110 min
110 min = 1 h 50 min
A: Tanja ist 1 h 50 min von zu Hause weg.

Seite 28

1 **F:** Wie viel bezahlt Vivien?
R: 8,89 € + 3,75 € + 4,90 € = 17,54 €
A: Vivien bezahlt 17,54 €.
F: Wie viel Geld bekommt sie zurück?
R: 50 € – 29,95 € = 20,05 €
A: Sie bekommt 20,05 € zurück.

Seite 29

2

 35 €	 17 €	 19 €	Rest: 29 €
100 €			

R: 35 € + 17 € + 19 € = 71 €
100 € – 71 € = 29 €
A: Seine Kletterschuhe werden gelb sein.

3 **R:** Charly: 99 € + 365 € + 200 € + 150 € = 814 €
Boss: 149 € + 568 € + 273 € = 990 €
A: Boss hat mehr erbeutet.

Seite 30

1 Stegosaurus: 9 m, Parasaurolophus: 10 m, Tyrannosaurus: 14 m
A: Der Tyrannosaurus war der längste.

2

245 km	360 km	185 km
790 km		

R: 245 km + 360 km = 605 km
790 km – 605 km = 185 km
A: Am dritten Tag legen sie 185 km zurück.

Seite 31

3 **R:** 105 km : 7 = 15 km
A: Maria ist am Tag 15 km gefahren.
R: 819 km – 479 km = 340 km
A: Kurt muss am zweiten Tag 340 km fahren.
R: 3 · 90 cm = 270 cm = 2,70 m
3,50 m – 2,70 m = 0,80 m = 80 cm
A: Es bleiben 80 cm übrig.
R: Ole: 3,12 m
Felix: 3,12 m – 0,42 m = 2,70 m
Christoph: 2,70 m + 0,37 m = 3,07 m
A: Christoph springt 3,07 m und Felix 2,70 m weit.
R: bisher: 10 km · 5 = 50 km
jetzt: 16 km · 5 = 80 km
80 km – 50 km = 30 km
A: Herr Groß fährt 30 km mehr.
R: 5 m · 45 = 225 m   3 m · 45 = 135 m
225 m – 135 m = 90 m
A: Tim hat 90 m Vorsprung.

Seite 32

1

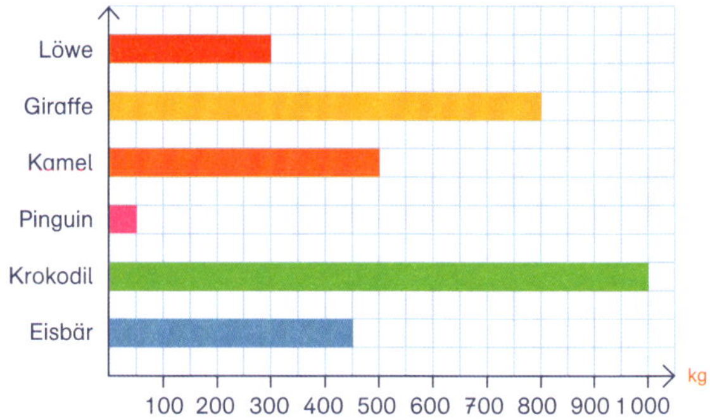

2 Die erste Behauptung stimmt. Die anderen beiden Behauptungen stimmen nicht.

Seite 33

3 **R:** 100 g = 0,100 kg
0,150 kg + 0,220 kg + 0,340 kg + 1,200 kg = 1,910 kg
A: Thomas trägt 1,910 kg nach Hause.
R: 450 g : 9 = 50 g
A: Jedes Osterei wiegt 50 g.
R: 20 · 40 kg = 800 kg
800 kg + 200 kg = 1 000 kg
1 000 kg : 8 = 125 kg
A: Jedes Pferd muss 125 kg ziehen.
R: Koffer: 2 · 18 kg = 36 kg
Rucksäcke: 3 · 14 kg = 42 kg
85 kg + 65 kg + 35 kg + 5 kg + 36 kg + 42 kg = 268 kg
A: Ja, alle dürfen gemeinsam mit dem gesamten Gepäck Aufzug fahren.
R: 30 kg + 130 kg + 32 kg + 95 kg = 287 kg
300 kg – 287 kg = 13 kg
A: Nein, sie können das Regal nicht mitnehmen.

Seite 34

1 **R:**

6	·	4	7	=			
6	·	4	0	=	2	4	0
6	·		7	=		4	2
6	·	4	7	=	2	8	2

8	·	4	7	=			
8	·	4	0	=	3	2	0
8	·		7	=		5	6
8	·	4	7	=	3	7	6

A: Carlo hat **282** Oliven und **376** Salamischeiben gebraucht.

2 **R:**

	1	2	9	€
		2	7	€
		5	9	€
		3	9	€
+		1	9	€
	1	4		
	2	7	3	€

	2	7	3	€
–	2	5	0	€
		2	3	€

A: Leas Eltern bezahlen 23 €.

Seite 35

3 **R:** Bäcker: 1,60 € · 3 = 4,80 €
Supermarktpackung: 2,40 € · 2 = 4,80 €
Supermarktdose: 4,50 €
A: Die Dose im Supermarkt ist am günstigsten.

4

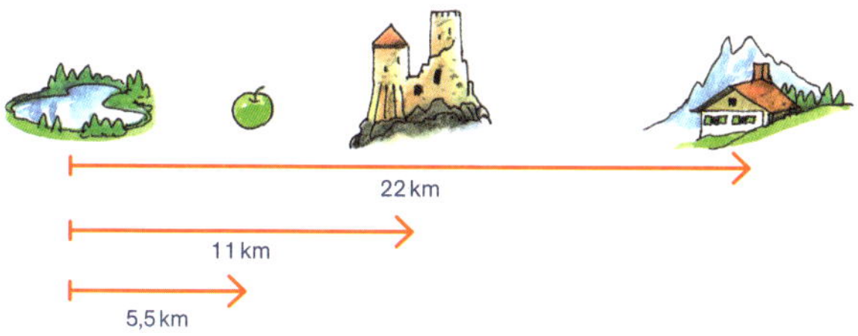

R: 22 km : 2 = 11 km
11 km : 2 = 5,5 km
A: Sie wandern 5,5 km bis zur Pause.

Seite 36

5 R: 6 · 5 € = 30 € 8 · 7 € = 56 €
98 € – 30 € – 56 € = 12 €
12 € : 6 € = 2
A: Sie kann **2** Reifen kaufen.

6 R: 440 + 220 + 110 = 770
A: Alle Kakteen haben zusammen 770 Stacheln.
R: 1 000 – 793 – 65 = 142
A: Es können noch 142 Karten verkauft werden.

Seite 37

7 R: 9 · 6 = 54
A: Karunke frisst in 9 Stunden 54 Fliegen.
R: 84 € : 6 € = 14 14 + 9 = 23
A: 23 Kinder gehen in die Klasse 3 d.
R: Anzahl der Packungen: 25 : 5 = 5
Preis: 5 · 2,50 € = 12,50 €
A: Frau Schwarz bezahlt 12,50 €.
R: 361 + 247 + 337 = 945
A: 945 Zuschauer haben die Vorstellung an den drei Tagen insgesamt besucht.
R: Anzahl der Personen:
3 · 8 = 24 24 + 40 = 64
Einnahmen: 7 € · 64 = 448 €
A: Der Kapitän verdient heute insgesamt 448 €.

Seite 38

1 Meine gesuchte Zahl heißt **238**.
Meine gesuchte Zahl heißt **195**.
Meine gesuchte Zahl heißt **47**.
Meine gesuchte Zahl heißt **17**.
Meine gesuchte Zahl heißt **8**.

Seite 39

2 133 + 134 = 267
Wenn ich zu meiner Zahl **134 addiere, erhalte ich 267.**
627 – 87 = 540
Wenn ich von meiner Zahl **87 abziehe, erhalte ich 540.**
100 : 5 = 2 · 10
Wenn ich meine Zahl durch 5 teile, erhalte ich das Doppelte von 10.
54 + 49 – 103 = 0
Wenn ich zu meiner Zahl 49 addiere und dann 103 abziehe, erhalte ich 0.

3

Füge zum Unterschied zwischen den Zahlen 70 und 90 die Zahl 300 hinzu.	320
Berechne den Unterschied zwischen 700 und 900 und verdreifache das Ergebnis.	600
Vervielfache die Zahl 90 mit 4 und ziehe 70 ab.	290

Seite 40

4 531 – 247 = 284 **P**
70 – 50 = 20 20 + 50 + 70 = 140 **A**
320 : 8 = 40 40 · 5 = 200 **P**
246 – 137 = 109 109 + 546 = 655 **A**
150 · 2 = 300 300 · 3 = 900 **G**
987 – 765 = 222 **E**
9 · 9 = 81 81 + 810 = 891 **I**
Lösungswort: PAPAGEI

Seite 41

1

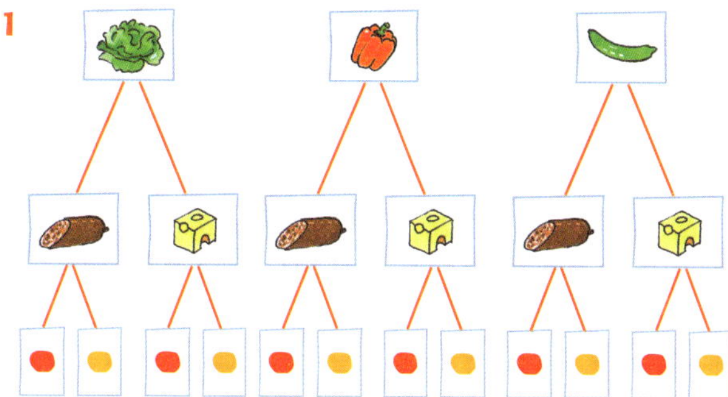

R: 4 + 4 + 4 = 12
A: Julia hat **12** Möglichkeiten, ihr Sandwich zu belegen.

Seite 42

2

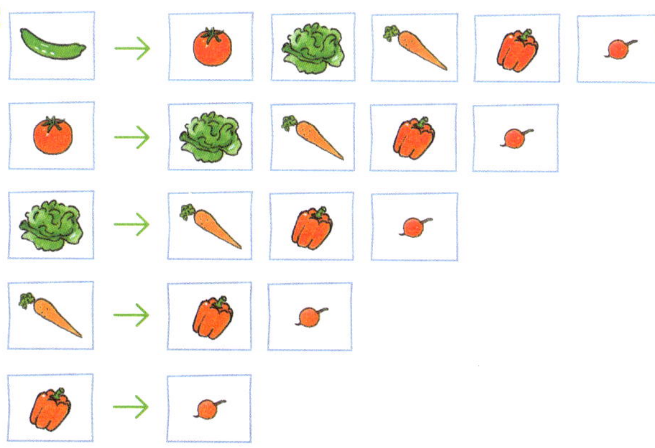

R: 5 + 4 + 3 + 2 + 1 = 15
A: Thomas hat **15** Möglichkeiten, das Futter für seine Meerschweinchen zusammenzustellen.